I0485256

Copyright 2003-6 by Dipl.-Soz.-Wiss. Guenter Wiedemann

www.eusosci.info

ISBN 978-1-4303-0858-4

All rights reseved

INHOUD – INHALTSVERZEICHNIS

1   Samenvatting - Zusammenfassung

Van wegen de kleine ruimtelijke en culturele afstand tussen Nederlanders en Duitsers is deze onderzoek een harde test van de methode: de methode baseert op de migratietheorie, de leertheorie, de categorisatietheorie, de intergroeptheorie maar ook de theorie van migratie en religie. Dit construct vormde de vragen voor 300 variabelen die statistiek onderzoekt worden. De resultaten zijn woordelijk. De uitgebreid doctoraalscriptie wordt waardeert met 97%[1].

Diese Untersuchung interkultureller Kontakte beschreibt, welche Gleichmäßigkeiten in solchen Fällen bestehen. Wegen dem kleinen räumlichen und kulturellen Abstand zwischen Niederländern und Deutschen ist diese Untersuchung ein Härtetest für die Methode: Die Methode basiert auf der Lerntheorie, der Kategorisierungstheorie, der Intergruppentheorie, aber auch der Theorie über Religion und Migration. Dieses Konstrukt formt die Fragen für 300 Variablen, welche statistisch untersucht wurden. Die Ergebnisse wurden verwortet. Die ausführliche Diplomarbeit wurde bewertet mit 97%[2].

---

[1] De Duitstalige delen „thesis" (83 p.), „statistiek" (111 p.), „variabelen" (74 p.), „vragenlijst [NL en D]" (21 p.) voor 25€ per .pdf-bestand worden aangevraagd bij guenter.wiedemann@web.de
[2] Die Teile „Diplomarbeit" (83 S.), „Statistik" (111 S.), „Variablenkatalog" (74 S.) und „Fragebogen [NL und D]" (21 S.) für 25€ je .pdf-Datei anfordert werden bei guenter.wiedemann@web.de.

2 Interculturele contacten van Nederlanders met Duitsers

2.1 Wetenschappelijk stand van zaken m.b.t. de relatie tussen Nederlanders en Duitsers

Nederlanders en Duitsers hebben uiteenlopende en verschillende opvattingen over elkaar. Zo schrijft Dunk in 1986 dat Nederlanders Duitsland op de eerste plaats al een grote buurman beschouwen, die niet onmiddellijk te vertrouwen is. Men moet hem van op passende afstand in het oog houden. Anderzijds beschouwen Duitsers Nederland – afgezien van het reisbureaucliché van het windmolen- en tulpenparadijs – als een staat waarin mensen 'ongelukkigerwijze' Nederlands praten (Dunk 1986: boekomslag). Heß en Wielenga hebben over het Nederlandse beeld van Duitsland geschreven dat de calvinistisch en liberaal-democratische traditie in Nederland en de Lutheriaanse, staatsgeoriënteerde traditie in Duitsland tot verschillende culturen hebben geleid, die ook in de wederzijdse waarneming een grote rol spelen en spanningen en wederzijds onbegrip kunnen verklaren. (Heß/Wielenga 1988: 17). In mijn onderzoek werd vooropgesteld dat deze tradities overwegend in het handelen en denken op micro-, meso- en macorvlak binnen deze culturen hebben bepaald (vgl. ook: Schluchter 1991: 131).

Naast dit structurele verschil is ook sprake van een historisch verschil. Aspelagh benoemt de twee wereldoorlogen en de bezettingstijd 1940-45 als oorzaak van de vreselijkheid waarmee Nederlanders hun grote buurland associeert. (Aspelagh, 160f).

Eén van de belangrijkste onderzoeken over het beeld dat Nederlanders hebben van Duitsers werd door het Clingendael instituut uitgevoerd. Daarbij werden 1.807 jonge Nederlanders bevraagd naar hun opvattingen over verschillende EU-landen, waaronder ook Duitsland. De eigenschappen van Duitsers worden door deze jongeren als volgt omschreven: heerszuchtig (71%), arrogant (60%), trots op hun land (58%), hechten veel waarde aan geld verdienen (55%), overheidstrouw (38%) en zakelijk (37%). Bij vriendelijkheid (17%), gezelligheid (16%) of zin voor humor (15%) is Duitsland de hekkensluiter in deze inschatting. Als kenmerken van de Duitse cultuur in het algemeen noemen de jongeren: techniek hoog ontwikkeld (56%), democratisch (48%), wil de wereld beheersen (47%), zet aan tot oorlog (46%), vooruitstrevend (41%), nemen weinig vluchtelingen op (30%) (Jansen 1995: 175f). Een heel polariserende inschatting.

Ook Renckstorf en Bergmanns onderzochten het beeld van Nederlanders over Duitsland. Ze kwamen in 1996 tot het resultaat dat vooral de jeugd en senioren een negatieve instelling hebben:

> Rond 48% (van n=136) van de 15-29 jarige Nederlanders gaven aan dat zij nooit contact met Duitsers hadden,
> de waarschijnlijkheid groot is dat contacten met Duitsers tot een positiever beeld leiden. Tweederde van de ondervraagden gaven immers aan dat persoonlijke contacten met Duitsers doorgaans positief waren (Renckstorf/Bergmanns, 40).

Omdat vooral jongeren een extreem negatieve houding toonden, werd ook de rol van onderwijs en media in de meningsvorming onderzocht. Daarbij werd vastgesteld dat

> Nederlanders de beschrijving van Duitsland in de media als nauwelijks afwijkend (1%) van hun eigen ervaringen beschreven,

> Er nog verdere analysen nodig zijn over de rol van school, schoolboeken en geschiedenislessen (Süssmuth, 416f).

De behandeling van de Duitse geschiedenis begint in Nederlandse geschiedenislessen in het jaar 1870 en de kernpunten zijn de eerste en de tweede wereldoorlog. Door deze selectie ontstaat snel het beeld dat Duitsland in de geschiedenis onophoudelijk oorlogen op touw zette (Aspelagh, 160). Dit is een mogelijke verklaring voor het feit dat Nederlandse jongeren in de Clingendael-studie Duitsers als overwegend heerszuchtig karakteriseerden. Of het een goede basis voor interculturele contacten is, mag betwijfeld worden.

2.2 Intercultureel leren algemeen en bij contacten van Nederlanders met Duitsers

In dit hoofdstuk wordt een overzicht gegeven over de empirische resultaten in de sociaalpsychologie met betrekking tot intercultureel leren, met name op Nederlands-Duits vlak. Kwantitatief onderzoek laat het toe deze processen neutraal te analyseren. De assimilatietheorie van Hartmut Esser biedt brede mogelijkheden voor de analyse van interculturele mobiliteit: de opsplitsing in drie vlakken (persoon, omgeving en assimilatie) maakt het mogelijk om verschillende punten in de interculturele uiteenzetting te onderzoeken

(Esser, 210ff.). Deze basis wordt in mijn onderzoek geflankeerd door verschillende sociaal-psychologische theorieën.

Vanwege de factor 'cultureel leren' wordt de leertheorie van Bandura opgenomen, die voornamelijk processen behandelt m.b.t. opmerkzaamheid, geheugen, motivatie en reproductie (Bandura, 31). Om 'cultureel differentiëren' te behandelen wordt Allports categoriseringstheorie gebruikt. Daarin worden waargenomen objecten cognitief gecategoriseerd om een aansluitende reïdentificatie gemakkelijker te maken (Allport, 20ff.).

Verder worden 'culturele groeperingen' met behulp van Tajfels inzichten over groepen en interactie behandelt. Tajfel 1982: Voor de externe waarnemer zinloze motieven kunnen tot groepsvorming leiden. Bijvoorbeeld groepsspelen zonder winstbejag met constante medespelers maar een wisselende samenstelling.

Al deze theoretische kaders vullen elkaar aan en vormen de basis voor de eerste 11 hypothesen waarvan de significante resultaten op het einde van deze samenvattin zullen worden beschreven. Vooral de categoriseeringstheorie van Allport laat de noodzakelijkheid herkennen om het onderhavige model te specificeren. De velden persoon, omgeving en assimilatie worde onderzocht a.h.v. verschillende subelementen. Het subelement 'barrières' in het veld 'omgeving' ontstaat uit de houding tegenover de uitgangscultuur resp. De doelcultuur. Deze elementen worden verduidelijkt in de volgende grafiek.

Afbeelding 1: theoretisch basismodel voor het onderzoek

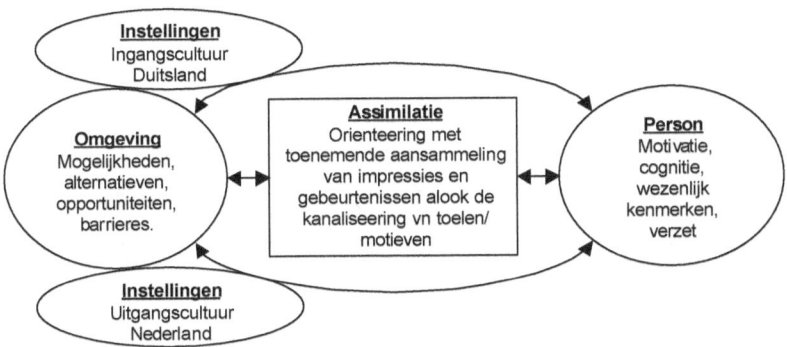

Hier wordt duidelijk dat de factoren in een wederzijdse ver-houding staan. Om de ontwikkeling van de assimilatie bij personen te onderzoeken, wordt de focus gelegd op 2 tijds-punten: de situatie bij het begin van contact met de doelcul-tuur en de huidige situatie. Daarbij worden vooral het eerste en het laatste halve jaar beschouwd.

In Duitsland bestaan veel Nederlandse kerken langs de Rijn. Daarom wordt de theorie van Friedrichs en Jagod-zinski ingebracht, die zegt dat integratie ook door geloof verloopt omdat binnen de bekende omgeving een vrije per-soonlijke ontwikkeling plaatsvindt (Friedrichs/Jagodzinski, 33f). Ook wordt een integratiekader met een individueel karakter gebruikt, volgens welke individuen verschillende rollen behandelden en – afhankelijk van de identificatie met meerdere groepen – de voorkeur geven aan één van die rollen (Krewer/Eckensberger, 577ff.). Als laatste punt wordt onderzocht of (voor)oordelen tegenover Duitsers omwille van de repressie in de bezettingstijd invloed heeft op de interculturele contacten met Duitsers (Aspelagh, 160f). Vanuit deze modellen werden 5 verdere hypothesen ontwikkeld waarvan het resultaat op het einde van deze samenvatting wordt beschreven.

2.3 De bevraagden

Omdat het onderzoek zich dicht op verschillende soorten culturele contacten worden hier de verschillende eigenschappen van de deelnemers beschreven. De persoonlijke kenmerken m.b.t. leeftijd en geslacht zijn normaal verdeeld. Van de tussen januari en juli 2002 bevraagde 42 personen zijn 52,4% zelf naar Duitsland geëmigreerd. 35,7% hadden beroepsmatige of privé contacten met Duitsers en 11,9% zijn door de migratie van hun ouders of voorouders in Duitsland. Het grootste deel van de bevraagden heeft darmee door migratie intensieve cultuurervaringen opgedaan.

De deelnemers aan de enquête werden gevraagd waar zij zich op het einde van hun schooltijd beter thuis voelden. Daarbij bleek dat zij een verandering binnen hun nationale toebehoren hadden doorgemaakt. Dit proces van intercultureel leren zal hier verder uitgelegd worden.

2.4 Resultaten van de statistische analyse

In het volgende worden de resultaten rond assimilatie, persoon, omgeving, religie en NS-tijd voorgesteld en besproken. Sommige abstracte begrippen, zoals cultuur of relatie werden tegenover de interviewpersonen in hun sociaal-wetenschappelijk context omschreven. Voor het onderzoek werden in totaal 300 variabelen opgenomen en geanalyseerd.

2.4.1 De effecten rond assimilatie

Uit de analyse bleek dat er sterke verbanden zijn tussen de factoren kennis van de Duitse taal, de kennis van de Duitse cultuur, het vertrouwen tegenover Duitsers enerzijds en de factor gedrag zoals dat in Duitsland sociaal/wettelijk geaccepteerd is. Kennis van de Duitse cultuur (gedragsvormen en gebruiken) gaat bij circa 50% van de bevraagden gepaard met een toenadering tot de Duitse cultuur. Het groeiende zelfvertrouwen tegenover Duitsers leidde bij 99,3% van de bevraagden tot een toename van gedrag volgens Duitse normen en waarden.

Een kwart van de bevraagden ondervond met de afname van gedragspatronen naar Nederlands sociaal/wettelijk geaccepteerd model een groeiend gevoel van verbondenheid met de Duitse cultuur.

De sociale toenadering tot de Duitse cultuur werd niet alleen gemeten a.h.v. de persoonlijke en mediabetrokkene contacten met Duitsers maar ook aan de contacten met andere Nederlanders. Opvallend was dat de bevraagden met een Nederlandse partner minder toegang resp. Assimilatie vertoonden dan bevraagden met een Duitse partner. Een kwart van de bevraagden met een Nederlandse partner gaf aan minder vaak contact te hebben met personen uit de doelcultuur.

Ook persoonlijk engagement (bijvoorbeeld verenigingsleven) in de doelcultuur speelt een rol. Bij een kwart van de bevraagde bleek dat een uur engagement de privé-contacten met Duitsers gemiddeld met 4,2 Minuten per week verhoogde.

Een samenhang tussen de kennis van de Duitse staats-
structuren en de toenadering tot de Duitse cultuur kon niet
worden aangetoond.

2.4.2   Intercultureel leerprocessen rond de persoon

Dit gedeelte betreft de persoon. Hierbij worden de motieven, de geestelijke instelling tegenover Duitsers, het ver-
wachten van succes door de eigen handelwijze (attributie)
en de inspanning om iets nieuws te doen (weerstand) onderzocht. De persoonlijke motivatie werd gemeten a.h.v. de
huidige positieve instelling tegenover Duitsland. Daarbij viel
het verband op tussen de aanvankelijk positieve instelling
tegenover de uitgangscultuur en de actuele positieve instelling tegenover de doelcultuur. Bij 99,8% van de geïnterviewden kon vastgesteld werden, dat hoe positiever de instelling tegenover de Nederlandse cultuur bij het begin van
het contact met Duitsers was, des te positiever was de instelling tegenover Duitsland op het moment van het inter-
view.

Dit kan daarop baseren, dat bij het begin van een intercultureel contact de identificatie met de uitgangscultuur eerst
verhoogd wordt, wat dan in de loop van de assimilatie af-
bouwt. Dat zou ook Banduras theorie bevestigen dat zich
personen aan het begin van het leerproces nog op oude
patronen beroepen en dit ter bescherming van hun gevoel
van eigenwaarde verhogen. Ook wordt duidelijk dat sommige personen zich graag aan een nieuwe omgeving aanpas-
sen, wat aansluit de inzichten van Tajfel is, volgens dewelke mensen zich graag als onderdeel van een groep beschouwen.

98,5% van de bevraagde personen, voor wie het Duitsland-contact een existentiële noodzakelijkheid was, toonden een minder positieve instelling tegenover Duitsland. De diepste instelling tegenover het interculturele contact heeft dus een enorme invloed op de beeldvorming.

De toenadering verliep vooral dan succesvol wanner mensen in het begin zelfvertrouwen tegenover de nieuwe cultuur toonden. In 90% van de gevallen leidde dit tot een verlenging van de contactduur.

2.4.3 Interculturele leerprocessen met betrekking tot omgeving

Het derde niveau in het onderzoek behandelt de processen m.b.t. de omgeving door intercultureel leren. Daarbij werd de omgeving opgedeeld in de elementen barrières en mogelijkheden die voor de bevraagde personen bepalend waren voor de toenadering.

Bij formele of wettelijke hinderpalen (bijvoorbeeld geen kennis van het Duitse rechtssysteem) konden geen significante verbanden herkend worden. Dit bekrachtigt de veronderstelling, dat de twee staatsbestellen eerder gelijkaardig gezien worden.

Succesvolle handelwijzen voor de integratie van Nederlanders in Duitsland hangen nauw samen met een verbondenheidgevoel met Duitsers. Bij rond een derde van die geïnterviewden staan actuele contacten met Duitsers in verband met de identificatie met Duitsers. Maar ook de consumptie van Duitse media heeft invloed op nationaal verbondenheidgevoel: bij rond een derde kan vastgesteld worden dat daardoor de identificatie met de doelcultuur verhoogt.

Samenvattend laat zich zeggen dat in 40% van de gevallen van een Duits gedrag (aangepast aan wettelijke/sociale afspraken) op een nationaal toegehorigheidsgevoel kan worden gesloten. Dit bevestigt de inzichten van Krewer en Eckensberger, volgens dewelke de ervaring van culturele identiteit bepaald wordt door de mogelijkheden om passend op te treden binnen deze cultuur. Het contraire model in dit onderzoek, dus de desintegrerende verhouding, bevestigt deze uitkomst.

Bij de helft van de bevraagde personen staat de opvatting dat uitgangs- en doelcultuur gelijkaardig zijn in verband met een stijging van de nationale verbondenheid met de toegangscultuur. Contrair staat de overtuiging dat de twee culturen verschillend zijn bij de helft van de interviewpersonen in samenhang met een Nederlandse identificatie. Daaruit blijkt dat personen, die geen grote verschillen zien zich gemakkelijker met een nieuwe cultuur identificeren: Hoe meer mensen openstaan voor het feit dat de groepsvorming uiteindelijk 'alleen' om *mensen* draait, hoe geringer de eigen categorisering. Dit sluit sterk aan bij de resultaten van Bandera's leertheorie en de theorie van categorisering naar Allport.

2.4.4   Intercultureel leerprocessen met betrekking tot religie

Met betrekking tot moraal en religie konden geen duidelijk significante uitkomsten in het model herkend worden. Dit mag verwonderlijk zijn, omdat religieus en sociaal engagement in andere punten bepalende elementen zijn.

2.4.5 Intercultureel leerprocessen betrekkend tot de NS-bezettingstijd

Tot slot kon herkend worden dat er geen statistieke aanwijzingen zijn voor het feit dat de kennis over de NS-bezettingstijd het toenaderingsproces zouden beïnvloeden. Dit bevestigt de uitspraak van veel bevraagden dat deze tijd voorbij is en geen reële invloed heeft op hun leven van vandaag. Deze uitspreken stammen van personen met actieve contacten met Duitsers. De resultaten van Renckstorf/Bergmanns bevestigen dit in feite ook, omdat zij een negatieve houding *vooral* bij jeugd en senioren vaststelenden, die momenteel geen actieve uiteenzetting met Duitsers hebben.

2.5 Facit

Samenvattend kan gezegd worden dat bij de verschillende vormen van culturele contacten verschillende regelmatigheden bestaan. Mensen tonen zich tevreden zolang de categorieën gehandhaafd blijven waarin hun wereld is opgedeeld. Dit resultaat bevestigt de inzichten van Allport en Bandura, maar vooral ook van Krewer/Eckensberger, die aangeven, dat individuen zich met verschillende rollen uiteenzetten. Zij zien zich soms in de éne categorie en dan weer in de andere en houden deze categorisering in stand zolang zij de noodzakelijkheid ervan zien. Hoe noodzakelijker het toebehoren aan één bepaalde categorie blijkt, des te slechter vindt men een openheid voor andere identiteiten. Dat bevestigt het inzicht van Tajfel, dat individuen naar een opwaardering door hun lidmaatschap streven. Als er een noodzaak is om naar het buitenland te gaan, bvb. Om te werken, dan is een culturele toenadering niet automatisch het gevolg. Een resultaat dat interessant kan zijn voor de politieke besluitvorming rond arbeidsmarkt en internationalisering.

Tot sloot laat zich zeggen dat de kennis van taal en cultuur, een gedifferentieerde en een vrijwillige contactopname een goede basis leggen om (nationale) verschillen te benaderen.

3 Kontakte von Niederländern mit Deutschen

3.1 Einleitung und Aufbau der Untersuchung

Niederländer und Deutsche nehmen sich unterschiedlich wahr. So schreibt von der Dunk 1986 in „Holländer und Deutsche. Zwei politische Kulturen": „Für Niederländer ist Deutschland an erster Stelle ein großer Nachbar, dem nicht zu trauen ist. Man muß ihn mit entsprechendem Abstand im Auge behalten. Für Deutschland ist Holland - abgesehen von dem Reisebüro-Klischee des Windmühlen- und Tulpen- paradieses - im Grunde ein Land, in dem die Menschen unglücklicherweise Niederländisch sprechen" (Dunk, Buch- umschlag). Heß und Wielenga schreiben in „Gibt's noch Ressentiments...? Das niederländische Deutschlandbild seit 1945": „Die kalvinistische und liberal-demokratische Traditi- on in Niederland und die lutherische, staatsorientierte Tradition in Deutschland führen zu verschiedenen politi- schen Kulturen, die auch in der gegenseitigen Wahrneh- mung eine Rolle spielen und Spannungen und gegenseiti- ges Unverständnis erklären können" (Heß und Wielenga, S.17). Für die vorliegende Arbeit wird deshalb angenom- men, dass diese Traditionen überwiegend die Kulturen und Werte der beiden Nationen prägten und damit das resultie- rende Handeln und Denken (vgl. Schluchter, 131 oder auch bei Esser). Neben einer strukturellen Differenzierung be- steht außerdem eine Historische. Als Ursachen für eine historische Differenzierung der Niederländer gegenüber den Deutschen nennt Aspeslagh die beiden Weltkriege, die

Besatzungszeit 1940-45 und die daraus resultierende Angst vor dem großen Nachbarn Deutschland (Aspeslagh, 160f.).

Als eine der bedeutendsten Untersuchungen über differenzierende Bilder von Niederländern gegenüber Deutschen gilt jene, welche vom Clingendael Institut durchgeführt wurde. Die Studie untersuchte 1807 niederländische Jugendliche und deren Bild über verschiedene EU-Länder und damit auch über Deutschland. Darin umschrieben die Jugendlichen die Eigenschaften von Deutschen als: „herrschsüchtig" (71%) (das Maximum bei der Zuordnung von 15 Eigenschaften über 5 Völker!), „arrogant" (60%), „stolz auf ihr Land" (58%), „legen viel Wert auf Geld verdienen" (55%), „obrigkeitstreu" (38%); „sachlich" (37%). Bei „freundlich" (17%) „gesellig" (16%) und „Sinn für Humor" (15%) bildet Deutschland jeweils das Schlusslicht bei dem Ländervergleich. Die Kennzeichen von Deutschland sind für die untersuchten Personen: „technisch hoch entwickelt" (56%), „demokratisch" (48%), „will die Welt beherrschen" (47%), „kriegstreiberisch" (46%), „fortschrittlich" (41%), „nimmt wenig Flüchtling auf" (30%) (vgl. Jansen, 25).

Renckstorf und Bergmanns stellten 1996 bei ihrer Untersuchung des Bildes von Niederländern gegenüber Deutschland überwiegend bei Jugendlichen und Senioren eine negative Einstellung fest. In dem Artikel „Zum Bild der Niederländer von den Deutschen" kamen sie zu dem Schluss, dass

> ungefähr 48% (von n=136) der 15-29 jährigen niederländischen Jugendlichen angeben, dass sie bisher keinen Kontakt mit Deutschen hatten,
> die Wahrscheinlichkeit groß ist, dass diese durch Kontakte mit Deutschen zu einem weniger negativen Bild kommen, da

zwei Drittel der Befragten angaben, dass bisherige Kontakte positiv verliefen (vgl. Renckstorf und Bergmanns, 40).

Da besonders bei Jugendlichen extreme Haltungen festgestellt wurden, wurde hierzu die Rolle von Kultus und Medien in der Meinungsbildung über Deutschland untersucht. Dabei wurde festgestellt, dass

> Niederländer die Darstellung von Deutschland in den Medien nur um ein Prozent anders erfahren, als sie es selbst alltäglich erfahren,

> es noch Bedarf gibt an Untersuchungen über die Rolle von Schule, Schulbücher und Geschichtsunterricht (in: Süssmuth, 416f).

So beginnt die Behandlung der deutschen Geschichte im niederländischen Geschichtsunterricht im Jahr 1870 und die Hauptthemen sind der erste und der zweite Weltkrieg. „Diese Auswahl führt zu einem Bild von einem Land, das in der Vergangenheit unablässig Kriege anzettelte" (Aspeslagh, 160. In: Müller/ Wielenga). Die schulische Vermittlung eines solchen einseitig geprägten Bildes könnte damit ein möglicher Grund sein, warum die niederländischen Jugendlichen in der Clingendael-Studie die Deutschen als überwiegend „herrschsüchtig" charakterisierten. Im allgemeinen bezeichnet man ein solches Urteil, das auf keinen oder nur geringfügigen Kontakten baut ein Vorurteil.

Auf der anderen Seite der Urteilsbildung (die Übergänge sind fließend) kann man jene Personen fokussieren, welche ihr Urteil aufgrund einer aktive Auseinandersetzung bildeten. Im vorliegenden Fall wird dies von Personen angenommen, welche nach Deutschland migrierten oder sogar schon in weiteren Generationen in Deutschland geboren sind. In der Sozialwissenschaft wurden vor allem in den 1970ern und 1980ern die Sozialisationsprozesse von südeuropäischen Gastarbeitern (in Deutschland) behandelt. Die psychischen Prozesse von griechischen Arbeitsmigranten in Deutschland fasst beispielsweise Pappaioanou (1983) wie folgt zusammen:

1. Phase der Konfrontation mit dem neuen Land,
2. Intensive Auseinandersetzung mit der deutschen Kultur,
3. Abnehmen der intensiven Auseinandersetzung,
4. Desillusionierung (Pappaioannou, 442).

Besonders das Ergebnis der Desillusionierung ist auf den ersten Blick verwunderlich, auf den zweiten Blick verständlich: So bekräftigt dieses Ergebnis das Resultat von Bruijne und Becher, wonach es bei hochintensiven interkulturellen Kontakten zu Veränderungen der individuellen kognitiven Prozesse um Sprache, Kultur, Mentalität kommt, die so stark ausgeprägt sein können, dass es zu Störungen des Selbst kommt (Becher, 7). Im Fall der vorliegenden Untersuchung bestehen jedoch veränderte Einflussfaktoren: geringere räumliche Distanz zwischen Ausgangs- und Eingangskultur, eine sprachliche Ähnlichkeit, andere Nutzungsbedingungen der Kommunikationsmedien und der Verkehrsinfrastruktur, sowie andere gesetzliche Bedingungen für den Grenzübertritt. Außerdem handelt es sich in beiden Fällen um moderne Staaten (vgl. Treibel, 14) mit ähnlichen Strukturen (vgl. Kleinfeld, 210. In: Müller/Wielenga). So liefert Piel eine Betrachtung der Prozesse von Niederländern bei interkulturellen Kontakten mit Deutschland in ihrer Dissertation „Niederländische Korrespondenten in Deutschland". Darin behandelt sie eher beiläufig die Faktoren Selbstbild, Selbstzufriedenheit und Meinung über Deutschland (Piel, 152ff.). Sie interviewte 10 festeingestellte niederländische Korrespondenten in Deutschland und kam zu folgenden Schlüssen:

> Die Hälfte der Korrespondenten kam nach Deutschland wegen dem Beruf oder aus nicht näher definierten Interessen.

> Ein Korrespondent, der erst weniger als ein Jahr in Deutschland ist, ist nicht zufrieden mit dem Land (ebd., 164).

> Nach Meinung der Korrespondenten haben die Niederländer folgende Meinung über Deutschland: positiv (0) – eher positiv (7) – eher negativ (2) – negativ (1) (ebd., 159).

> Durch eine geringe soziale Einbindung entsteht die Gefahr der Entstehung von Stereotypen.

> Die subjektive Beurteilung der eigenen Aktivitäten hängt - entgegen ihrem Vermuten - nicht von der Dauer der Anwesenheit ab (ebd., 164).

Trotz einer eher abgeneigten Haltung von Niederländern gegenüber Deutschland gibt es also doch einige Niederländer, die einen interkulturellen Kontakt mit Deutschland suchen und sich in Deutschland wohl fühlen. Im Gegensatz zu Pappaiouannous Untersuchung ist bei Piel von einem regelmäßigen Auftreten einer Desillusionierung nicht die Rede.

Aus dem bisherigen Literaturüberblick konnte man erkennen, dass in der wissenschaftlichen Literatur bisher nur Fragmente über den Kontakt von Niederländern mit Deutschland bestehen. Deshalb war bei der Untersuchung des Themas eine eigene Erfassung unumgänglich.

3.2 Verortung des Themas in den Sozialwissenschaften

Das in der vorliegenden Arbeit die Prozesse bei interkulturellen Kontakten von Niederländern mit Deutschen untersucht werden, soll in dem vorliegenden Kapitel soll zuerst der Begriff der Nation und dann der Begriff der interkulturellen Kontakte anhand sozialwissenschaftlicher Literatur aufgeschlüsselt werden. Im Anschluss daran wird der Zusammenhang der daraus resultierenden Theorien erklärt.

Besonders in der humanistischen Lehre besteht die Überzeugung, dass alle *Menschen* gleich seien – unabhängig von deren Nationalität. Dies wird in dieser Arbeit weder bestritten noch belegt, denn im vorliegenden geht es um jene Prozesse, die Menschen dadurch erleben, dass sie Kontakt zu einer anderen (nationalen) Umwelt haben. Um den Begriff der Nation zu erläutern, lehne ich mich an Norbert Elias' „Über den Prozess der Zivilisation" an, wonach (wie bei Max Weber) der Staat die körperliche Gewaltausübung auf sich monopolisiert und eine Makroordnung schafft, wonach sich „die ganze Prägungsapparatur des Individuums, die Wirkungsweise der gesellschaftlichen Forderungen und Verbote, die den sozialen Habitus in dem Einzelnen herausmodellieren, und vor allem auch die Art der Ängste, die im Leben des Individuums eine Rolle spielen, entscheidend ändern" (Elias, LXXVIII). In einem solchen nationalen Makroumfeld[3], welches das Leben bis ins

---

[3] Sphäre die von persönlichem Kontakt relativ losgelöst ist. Die entsprechenden Gruppierungen sind beispielweise Nationen und deren Subsysteme. Die entsprechenden Regeln oder Gesetze lenken das individuelle Verhalten obwohl diese relativ unzugänglich sind (vgl. Liegle, 218ff. in: Hurrelmann und Ulich, oder Friedrichs/ Jagozinski, 20)

Mikroumfeld[4] regelt, werden die kulturellen Befriedungsregeln für die Lebensweisen der Menschen festgelegt, wobei die Gesamtheit der Lebensweisen als Kultur bezeichnet werden kann (vgl. zB. Storey, 53).

In Anlehnung an eine sozialbehavioristische Betrachtungsweise wird die Person von diesen Umfeldern geprägt. Das einzelne Individuum definiert sich einerseits individuell über die Abgrenzung von der Umwelt und andererseits sozial über die Zugehörigkeit zur Umwelt (zB. zu Gruppen[5]) (vgl. Mead, 180 oder 200). Im Fall des interkulturellen Kontaktes müssen deshalb die niederländische als auch die deutsche Umwelt der Personen untersucht werden und mögliche Auswirkungen auf das individuelle Zugehörigkeitsgefühl.

Bei einem Kontakt mit einer neuen Umwelt kommt es zur Aneignung von neuen Aspekten aus dieser neuen Eingangskultur. Die kulturspezifischen Handlungsschemata (Sprache, Werte, Normen und Verhalten; vgl. unten Esser) werden sowohl weitergegeben als auch angepasst. Diese kulturspezifischen Handlungsschemata bilden die Eckpfeiler einer Gruppe. Der Inhalt verändert sich eher geringfügig entsprechend der Personen – eher wird von den Gruppenmitgliedern verlangt, dass sie sich den Inhalten anpassen. Eine solche kulturelle Kanalisation der Individuen bezieht

---

[4] Sphäre, die das enge individuell Leben beinhaltet: Familie, Freunde bzw. Bekannte mit dem das Individuum unmittelbar in Kontakt steht (vgl. Liegle, 218ff. in: Hurrelmann und Ulich, oder Friedrichs/ Jagozinski, 20).
[5] Für das vorliegende Thema bedeutet dies, dass sowohl die Umwelt als auch das Individuum ein niederländisches (Vor-) Urteil per Definition eines Unterschiedes zur anderen Nationalgruppe hat. Diese Betrachtung des Anderen ist gepaart mit einem mehr oder minder stark ausgeprägten Bewusstsein, wie es gemeinschaftlich erwünscht ist, über die Umwelt (Deutschland) zu denken und wie es individuell nötig ist, sich zum Schutz der psychologischen Selbstkonstruktion über Andere aufzuwerten.

sich auf das Erlernen kulturspezifischer Wissenssysteme und kultureller Regeln die sich auf die jeweilige Um- und Mitwelt beziehen (Krewer und Eckensberger, S. 577. In: Hurrelmann und Ulich).

In der Soziologie können diese Prozesse sozialen Lernens aufgegliedert werden in die speziellen „Bindestrichsoziologien" wie die Wanderungs-, Kultur- oder Minderheitensoziologie. Die diesbezüglichen Kernbegriffe Sozialisation, Assimilation, Integration oder Akkulturation werden landläufig synonym verwendet. In der Sozialwissenschaft wird für die Beschreibung von interkulturellen Prozessen, bei welchen nicht gewiss ist, ob eine Kulturübernahme geschieht. Der Begriff der „Assimilation" verwendet (vgl. Recker, H.: Stichwort „Sozialisation". S. 604. In: Reinhold, G., sowie Lamnek, S. Stichwörter „Kultursoziologie". S. 384, „Integration". S. 299 und „Akkulturation". S. 10. In: Reinhold, G.).

Aus der bisher erfolgten Umschreibung konnte ersichtlich werden, dass ein Gerüst für eine Untersuchung des vorliegenden Themas einen detaillierten Aufbau haben muss. Aus diesem Grund basiert die vorliegende Arbeit auf der handlungstheoretische Betrachtung der Migration von Esser. Da Essers Konstrukt jedoch den gegenwärtigen Zustand um eingesiedelte Migranten behandelt, wird für die vorliegende Arbeit, welche die Prozesse von geistiger Einstellungsveränderungen durch einen interkulturellen Kontakt untersuchen will, sein Migrationskonstrukt verändert verwendet. Die Veränderung erfolgt unter Zuhilfenahme von Banduras Lerntheorie (wegen interkulturellem Lernen), Allports Theorie der sozialen Kategorisierung (wegen nationalen (Vor-)Urteilen und dem damit verbunden Kategoriendenken) und Tajfels Theorie der Intergruppenbeziehungen (um die Dynamik des Wechsels von einer zur anderen Gruppe zu erfassen).

Nachdem die Veränderung des Individuums unter Abhängigkeit der Intergruppenprozesse untersucht wird, wird auch die Theorie des Selbst als Handlungszentrum in den Prozessen um Selbstentwicklung und kulturelle Identität nach Krewer und Eckesberger in das Theoriegebäude mit aufgenommen.

Neben dieser relativ allgemein verwendbaren Konstruktion wurden noch einige Besonderheiten aufgenommen, welche im vorliegenden Fall besonders sind und deshalb auch eigene Hypothesen erforderten. Da es in den Niederlanden intensiv religiöse Strömungen gibt, wurde angenommen, dass sich über die Religion Verbindungen ergeben, beziehungsweise sich Personen über religiöse Gemeinden in der anderen Kultur besser zurecht finden. Deshalb wird noch die Theorie der Religion als „Integrationsbrücke" zwischen Person und Umwelt von Friedrichs und Jagozinski aufgenommen. Als zweiter besonderer Fall wurde, wie eingangs schon oft als Leitmotiv der Differenzierung zwischen Niederländern und Deutschen erwähnt, nach den subjektiv erfahrenen Auswirkungen der deutschen Besatzungszeit gefragt.

Daneben sollen die Theorien um Essers Migrationstheorie auch einen kontrollierenden Effekt haben: Zwar genießt Essers Theorie der Migration eine große Popularität – trotzdem wurde sie wurde nur in zwei Rezensionen behandelt (vgl. Internationale Bibliographie der Rezensionen). Dabei wurde sie wo sie beispielsweise als „interessant, informativ und nützlich" umschrieben (Heckmann, 386). Da sie bisher also nur oberflächlich diskutiert wurde, sollen die anderen Theorien hier auch eine theoretisch Kontrolle beschreiben, bevor der Untersuchungsaufbau beginnt und die Theorie mit Abstrichen (es wird hier nicht nur ein statischer Moment, sondern eine dynamische Entwicklung untersucht) auch (nach meinem Wissen zum Ersten mal) empirisch überprüft.

3.2.1 Handlungstheoretische Betrachtung: Personelle und externe Faktoren führen zur Assimilation (Esser)

Im Rahmen der Eingliederungsforschung fand neben Hoffmann-Nowotnys struktureller Betrachtung (vgl. Hoffmann-Nowotny, H., 1973) die handlungstheoretische Betrachtung von Hartmut Esser (1980) eine breite Anerkennung. Während Hoffmann-Nowotnys Modell das Kernkriterium der Integration in den Strukturen der Aufnahmegesellschaft sieht, fokussiert Esser als Kernkriterium das Individuum und dessen Motive, die sich bei Kulturübertritten auf die Handlungsentscheidungen auswirken. Im vorliegenden Fall der Niederlande und Deutschland wird zwar von ähnlichen modernen Strukturen ausgegangen, aber trotzdem wird der Zugriff auf Strukturelementen abgefragt und dies in den allgemeinen theoretischen Rahmen integriert.

In Anlehnung an die allgemeine Theorie bei Esser erfolgt das Handeln in einem neuen kulturellen Rahmen aufgrund des Erlernens kognitiver, identifikativer, sozialer und struktureller Elemente der neuen Kultur. Diese vier Dimensionen stellen in dem Modell das Explanandum dar. Sie stehen einerseits in Abhängigkeit von verschiedenen Determinanten um die Person (wie Motivation, Kognition, Attribuierung und Widerstand) und andererseits in Abhängigkeit von der

Umweltdeterminanten (wie assimilative und nicht-assimilative Handlungsmöglichkeiten sowie Barrieren).

Abbildung 2: Allgemeines Assimilationsmodell

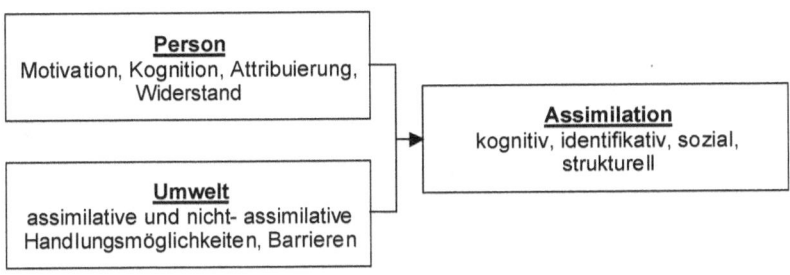

(vgl. Esser, 213)

3.2.1.1 Die Person

Die Faktoren der Determinante Person sind, wie eben schon erwähnt, Motivation, Kognition, Attribuierung und Widerstand (diese Faktoren können auch später bei Banduras Lernkonzept wieder gefunden werden). Unter Motivation wird hier der Anreiz für die Person verstanden, ein gesetztes Ziel zu erreichen. Die Kognition umfasst die subjektive Einschätzung der Person, wie wahrscheinlich für sie das Erreichen des Ziels ist. Dies kann gemessen werden über die Ausbildung der Person, die bisherige interkulturelle Biographie oder die geplante Kontaktdauer. Unter dem Punkt der Attribution wird in dem Modell das Vertrauen in die Wirksamkeit der eigenen Handlungen erfasst über die Ausbildung, dem Alter, dem Geschlecht oder Mobilitäts- und Kulturerfahrungen. Der letzte Unterpunkt um die Person, der Widerstand umfasst die Anstrengungen, welche die Person überwinden muss um das Ziel zu erreichen. Entsprechende Variablen wären hier der Familienstand oder Bezugsgruppen im Aufnahmesystem (vgl. Esser, 210 und 220.).

3.2.1.2 Die Umwelt

Als Effekte der Umgebung wurden assimilative und nicht-assimilative Handlungsalternativen genannt, sowie Barrieren. Handlungsmöglichkeiten beziehen sich auf jene Möglichkeiten zur Handlung, welche durch die interkulturellen Kontakte neu hinzukamen. Diese lassen sich unterscheiden in die assimilativen und die nicht-assimilativen Handlungsmöglichkeiten. Währen die Assimilativen jene Ereignisse und Faktoren beinhalten, die für eine Assimilation förderlich sind (zB. Kontakte im Zielland) wirken nicht-assimilative Opportunitäten einer kulturellen Annäherung entgegen (zB. Kontakte im Ausgangsland). Ein weiterer Unterpunkt der Umgebung sind die Barrieren. Damit sind im vorliegenden Fall Hindernisse gemeint, die durch den Kulturübertritt entstehen und dem Erreichen der individuellen Ziele im Zielland entgegenstehen. Dies sind beispielsweise rechtliche Beschränkungen oder soziale Vorurteile (vgl. Esser, 211 und 221).

3.2.1.3 Assimilation

Die Faktoren und Items des allgemeinen Explanandums Assimilation sind die kognitive, identifikative, soziale und strukturelle Assimilation. Unter kognitiver Assimilation kann man die geistige Annäherung an die Zielkultur verstehen.

Veränderungen sind hier zu verzeichnen in den Bereichen Sprache oder Regelkompetenz für Gestik und Bräuche. Die identifikative Assimilation fasst jene Prozesse zusammen, die um die persönliche Identifikation mit der neuen Kultur zusammen stehen. Beispielsweise können hier die Faktoren Rückkehrabsicht, Naturalisierungsabsicht, oder ethnische Zugehörigkeitsdefinition betrachtet werden. Die soziale Assimilation behandelt die Aspekte um die sozialen Kontakte mit Personen der Zielkultur. Diese können beispielsweise gemessen werden über die gesellschaftliche In- oder Exklusion. Unter struktureller Assimilation wird hier die Angleichung der persönlichen strukturellen Eigenheiten an die Zielkultur verstanden. Diese kann gemessen werden über Items wie eine vertikale Situationsverbesserung durch den Kulturkontakt (vgl. Esser, 211f und 221).

Vor diesem theoretischen Hintergrund eines Niederländisch-Deutschen Kontaktes erscheinen folgende Hypothesen als wichtig für eine Untersuchung:

Hypothese 1 a) bis d) Determinanten der Assimilation

Je eher
    a) die kognitiven Fähigkeiten ausgebildet sind,
    b) die Identifikation mit Deutschland besteht,
    c) die sozialen Kontakte mit Deutschen aktiv gestaltet werden und
    d) man einen strukturellen (beruflichen) Aufstieg mit seinem Deutschlandkontakt verbindet,
desto eher finden Tendenzen zur Angleichung statt.

Hypothese 2 a) bis d): Personenbezogene Determinanten

Je eher   a) eine positive Einstellung gegenüber einem Ziel das mit

Deutschland verbunden ist besteht (Motivation),

b) eine Wahrscheinlichkeit für das Erreichen des Ziels besteht (Kognition),

c) ein Vertrauen in die Wirksamkeit der eigenen Handlungen besteht (Attribuierung),

d) es keine Anstrengung gibt, um ein Ziel zu erreichen (Widerstand) sind,

desto eher finden Tendenzen zur Angleichung statt.

Hypothese 3 a) bis c): Umweltbezogenen Determinanten

Je

a) förderlicher die assimilativen Handlungsmöglichkeiten,

b) geringer die rechtlichen oder sozialen Hindernisse,

c) größer die Handlungsalternativen über deutsche Wege sind,

desto eher findet eine Assimilation statt.

3.2.1.4 Erweiterung des handlungstheoretischen Ansatzes

Das allgemeine Assimilationsmodell wird für die vorliegende Arbeit etwas spezifiziert. Dabei wird der allgemein gehaltene Punkt der Barrieren aufgegliedert in die folgenden Unterpunkte:

> die von der befragten Person eingeschätzte Einstellung der Niederländer gegenüber den Deutschen,

> die von der befragten Person eingeschätzten Einstellung der Deutschen gegenüber den Niederländern,

> die sonstigen, allgemeinen Barrieren.

Diese Modifizierung bietet die Möglichkeit, genau zu analysieren, in wie weit Vorurteile der einzelnen nationalen Umwelten den Assimilationsprozess beeinflussen und welche Rolle allgemeine Barrieren spielen.

In dem folgenden Schaubild werden die Faktoren Umwelt, Person und Assimilation aus dem allgemeinen Migrationsmodell übernommen. Dazu werden die Einstellungen der Eingangs- und Ausgangskultur hinzugefügt.

Abbildung 3: theoretisches Grundmodell für diese Arbeit

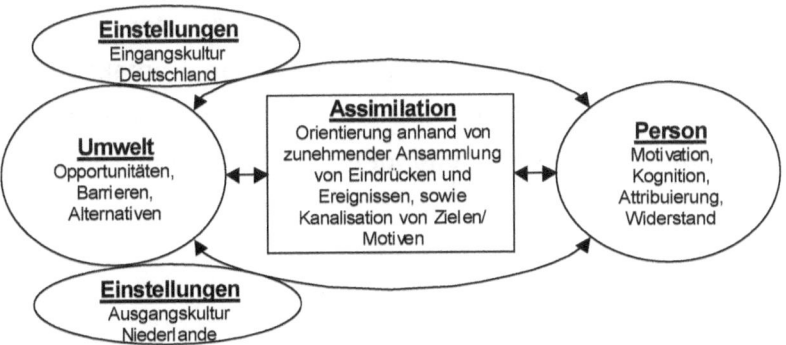

In der Grafik kann man erkennen, dass die einzelnen Faktoren in einem wechselseitigen Verhältnis stehen. Um die Entwicklung der Assimilation der Personen zu untersuchen, wird der Fokus auf 2 Zeitpunkte gelegt: die anfängliche und die gegenwärtige Situation. Hierbei werden in Anlehnung an die allgemeinen Theorien der Handlungsentwicklung hauptsächlich das erste und das letzte halbe Jahr betrachtet (vgl. Esser, 165f und Krewer/ Eckensberger, 581f).

3.2.2 Sozialpsychologische Faktoren: Über Lernen (Bandura), Kategorisierungen (Allport) und Intergruppenbeziehungen (Tajfel)

Die grundsätzlichen Prozesse der Differenzierung in Gruppenkategorien wie zum Beispiel „Niederländer" oder „Deutsche" versuchten Allport und Tajfel zu erklären. Mit Allports Beschreibung, wie und warum Menschen ihre Umwelt in Kategorien einteilen, soll die Beobachtung Tajfels eingeleitet werden. Tajfel beobachtet die Prozesse der Integration und Exklusion zwischen einzelnen kategorisierten Gruppen. Vor dem Hintergrund eines interkulturellen Kontaktes zwischen zwei Kategorien stellt sich die Frage, inwieweit solche Kategorisierungen und damit Grenzen und Barrieren auftreten.

3.2.2.1 Das Lernkonzept nach Bandura: Vom Erkennen

Als aktuell relevantes Konzept der Verarbeitung von Um- und Mitwelteinflüssen, bis hin zum Aufbau von Handlungsschemata, gilt das Modell-Lernen von Bandura (vgl. Ulich, S. 73. In: Hurrelmann und Ulich) . Das Modell lässt sich aufgliedern in die folgenden Schritte:

1. Ereignis,
2. Aufmerksamkeitsprozesse,
3. Gedächtnisprozesse,
4. Reproduktionsprozesse,
5. Motivationsprozesse und
6. Nachbildungsleistungen (vgl. Bandura, 31).

In dem Modell lässt sich erkennen, dass Ereignisse zuerst auf den Menschen einwirken, dann kognitiv geordnet und mit bisherigen Strategien verglichen werden. Zuletzt fließen sie in eine Handlung ein. Ein neues Ereignis führt demnach nicht zwangsläufig zu kultureller Annäherung, sondern zuerst zu Gedächtnisprozessen, durch welche entsprechend der Aufnahme, Verarbeitung und Motive[6] abgewogen wird und ggf. bisherige Kulturaspekte trotzdem aufrechterhalten werden. Demnach steht das Individuum zwischen einer Ablehnung der neuen kulturellen Beeinflussung (= konservativer Kulturkontakt) einerseits und andererseits der aktiven Einarbeitung der neuen Kultureinflüsse in das Selbstbild (= innovativer Kulturkontakt) (vgl. auch Esser, 1980, 225).

Wenn es etwas zu lernen gibt, dann ist das zu lernende etwas anderes als das, was die Person gegenwärtig kennt (vgl. Luhmann (39-80) und Mead (166)). Wenn differenziert wird in Niederländer und Deutsche, dann geht es in erster Linie um die Menschen in ihrer Eigenschaft als Merkmalsträger dieser Nationalitäten und auf anderer Ebene (!) um die Merkmalsträger. Während also am Anfang einer kulturellen „Lernlektion" einem Niederländer die Kenntnis der deutschen kulturellen Muster (Sprache, nationale Regelungen und resultierende Verhaltensweisen) unbekannt sind, können durch Motive und Ziele neue Handlungen (Handlungstheorie) erlernt werden (Lerntheorie), die zunehmend, bis hin zur alltäglichen Wiederholung, verinnerlicht werden, bis die kulturellen Muster bekannt sind und sich die Person in diesen bewegen kann (Strukturtheorie). In dieser Arbeit

---

[6] „Summe der Beweggründe, die das individuelle soziale Handeln in Gang setzen" (Recker, H.: Stichwort „Motivation". S. 450. In: Reinhold, G..). Dabei kann man unterscheiden in interne Motivation (zB. eigener Antrieb, Lust,...) und externe Motivation (zB. finanzieller Anreiz, sozialer/ beruflicher Aufstieg,...).

soll somit versucht werden, eine Symbiose aus Handlungs-, Lern- und Strukturtheorie anzuwenden.

Daher wird in der Erfassung nach der Kenntnis von Strukturen, Motiven und Einstellungen in der Ausgangs- und der Zielkultur gefragt (zum anfänglichen und gegenwärtigen Zeitpunkt, um auch die Lernprozesse mit aufzunehmen) und ob die Person gegenwärtig meint, dass es Ähnlichkeiten zwischen den Nationen gibt.

3.2.2.2 Stereotypische Kategorisierung nach Allport: Kognitive Erleichterung durch kognitive Gruppierungen

Nach Allport versucht der Mensch im Allgemeinen mittels Kategorien die Komplexität der Umwelt zu reduzieren. Der Mensch bedient sich dazu fünf Arten von Kategorisierungsprozessen, die stereotypisch sind. Kategorisierungen dienen demnach:

1. dem Anleiten täglicher eigener Anpassungsversuche an externe Kategorien,
2. dem Anpassen von Ereignissen an die eigenen Kategorisierungen,
3. der schnellen Identifikation von Objekten,
4. der Bewertung über Kategorien,
5. einer mehr oder minder rationalen Beurteilung. (vgl. Allport, 20ff.)

Einen daraus entstehenden Stereotyp definiert Allport als „eine übertriebene Überzeugung, die mit einer Kategorie verbunden ist. Ihre Funktion besteht in der Rechtfertigung (Rationalisierung) unseres Verhaltens in Verbindung mit dieser Kategorie" (Allport, 191).

Man könnte Allports Erkenntnis also unter die Punkte der Informationsverarbeitung bei Bandura einordnen. Demnach ordnet das Individuum eintretende Reize unter die bestehenden Kategorien und vereinfacht dadurch die Beurteilung. Egal welche Richtung ein kulturelles Lernen also einschlug – im Endeffekt ist der Mensch solange zufrieden mit sich, solange die Kategorien extern bzw. intern Bestand und Erfolg haben und nicht revidiert werden müssen. Falls die Kategorien jedoch revidiert werden müssen, ist enormer Aufwand bezüglich der aufzuwendenden Motivation und Information nötig. Für die vorliegende Arbeit bedeutet dies, dass die Kategorien Niederländer und Deutscher in den Köpfen angelegt werden und diese mit vereinfachten Merkmalen belegt werden.

Da der Mensch ein soziales Wesen ist, das von der Umwelt geprägt ist, gilt es den Einfluss der Gruppe der Merkmalsträger der Ausgangskultur und den Einfluss der Gruppe der Merkmalsträger der Zielkultur zu betrachten. Dies geschieht im folgenden Kapitel.

3.2.2.3 Gruppenkategorisierung nach Tajfel: Zwischen Integration und Ausgrenzung

Tajfel behandelt die Prozesse um Gruppeninklusion und Gruppenexklusion. Dazu wird Allports Ansatz der Stereotype verwendet. Tajfel hält jedoch die rein kognitiven Erklärungsansätze für unzureichend, da sie den sozialen Kontext, in dem sich Stereotype entwickeln, nicht berücksichtigen. Er meint, dass eine Theorie der Stereotypen mehrere Bereiche beinhalten muss:

> die Erstellung, Rekonstruktion und kritischen Beurteilung der gesellschaftliche Normen (**Genese),**

> *individuelle* kognitive **Funktionen** (zB. Strukturierung der wahrgenommenen sozialen Umwelt), sowie die

> *soziale* **Funktionen** (zB. die Notwendigkeit für die Entstehung und den Erhalt von Gruppenideologien oder die Gründung positiv bewerteter Intergruppendifferenzen).

Dies könnte man folgendermaßen Illustrieren:

Abbildung 4: Integration der theoretischen Analyse der sozialen Stereotype in die Theorie des Intergruppenkonfliktes

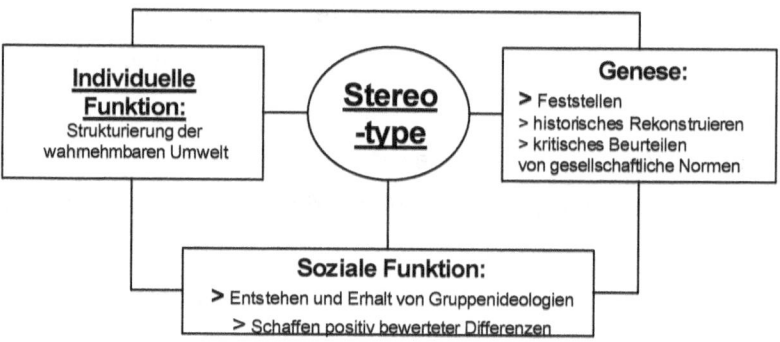

Dieser von Tajfel besonders hervorgehobene Aspekt der sozialen Funktion von Vorurteilen betrifft bei interkulturellen Kontakten beispielsweise jenen Bereich, dass Gruppenmitglieder ihre Erfahrungen weitergeben[7], wodurch sie sowohl ein Gemeinschaftsgefühl erzeugen, als auch erhalten. In diesem Feld zwischen Personen und Gruppen bestehen nach Tajfel Verhaltensprozesse, die persönlich, aber auch und intergruppal bestimmt sein können:

---

[7] Anfangs von Kapitel 3 wurden hierzu schon Krewer und Eckensberger angeführt, die dies als „kulturelle Kanalisation" bezeichnen.

„<Rein> interpersonales Verhalten existiert in all den sozialen Kontakten zwischen zwei oder mehr Personen, in denen *alle* stattfindenden Interaktionen durch die persönlichen Beziehungen zwischen den Individuen und durch ihre jeweiligen individuellen Charakteristika determiniert werden. <Reines> Intergruppenverhalten liegt dann vor, wenn *jegliches* Verhalten zwischen zwei oder mehr Individuen durch ihre Mitgliedschaft in unterschiedlichen sozialen Gruppen oder Kategorien determiniert ist" (Tajfel, 83, Hervorh. im Orig.).

Tajfel zeigte durch die Untersuchungen zum *minimal group paradigma*, dass in Situationen, in welchen Prozesse zwischen Gruppen ablaufen, es zu Abwertung von Mitgliedern der Außengruppe kommt: diese Abwertung basiert weder auf vorherigen Feindseligkeiten, noch auf einem bestehenden Interessenkonflikt zwischen den Gruppen. Tajfel identifizierte als **häufigste Ursache für eine Diskriminierung der Außengruppe das Bedürfnis nach einer positiven sozialen Identität**, die aus einer negativeren Bewertung der Außengruppe gegenüber der eigenen Gruppe erzielt wird. Damit das Individuum das Gefühl einer Aufwertung empfinden kann, muss es das was es mit sich verbindet, gegenüber der Umwelt differenzieren können (= individuelle Funktion). Durch kognitive Kategorisierung von Differenzierungen kann es zu sozialen Stereotypen kommen, deren Aufwertung durch die positiven Effekt gerechtfertigt wird (= soziale Funktion) (vgl. Tajfel, 118ff.). Ein solcher Stereotyp kann sogar sozial wahr werden, wenn die Gruppe der Anhänger einfach groß oder mächtig genug ist und die Gruppe der Gegner unterlegen (vgl. Kuhn, T., 39).

Die Zusammenhänge auf den verschiedenen Ebenen um Gruppenprozesse lassen sich nach Tajfel folgendermaßen zusammenfassen: Intergruppenkonflikte bestehen zunehmend,

> je unmöglicher ein Wechsel von der einen zur anderen Gruppe erachtet wird (ebd. 130),
> je berechtigter der Bestand des Intergruppenvergleiches angesehen wird (ebd. 136ff.),
> je größer die Unterschiede zwischen den Gruppen wahrgenommen werden
> je eher Kriterien absolut über alle Mitglieder erachtet werden (Makro-Überzeugungssystem),
> je eher Gruppenzuweisungen, die oft unabhängig von Individuen bestehen, trotz Andersartigkeit der Individuen auch Auswirkungen auf den Umgang mit ihnen haben (Meso-Überzeugungssystem),
> je eher Selbstmeinung über sich und Fremdgruppenmitglieder differieren (Mikro-Überzeugungssystem) (ebd. 149).

Am Beispiel der Niederländer und der Deutschen sei dies illustriert durch die Erfahrung einer betagten Interviewperson (vgl. Fragebogen 12, S. 9)[8]. Sie erzählte, dass es in ihrer Jugend, bis zum Aufkeimen nationalistischer Tendenzen in der nazi-deutschen Staatspolitik, belanglos war, wo man sich bewegte. Eine Grenze gab es nicht. Die Menschen zogen relativ nach belieben durch den Niederrhein und das Gelderland, man sprach „Platt". Einen nationalen Unterschied gab es hier nicht. Mit dem Ordnen der nationalen Staatszugehörigkeit (ab 1933) wurde Niederländern per Ausgrenzung durch den Nicht-Besitz eines (neu eingeführten) deutschen Personalausweises der Grenzübertritt er-

---

[8] In Klammern wird versucht, aus der Erzählung auf die Theorie zu schließen.

schwert [wodurch eine Kategorisierung erschaffen wurde, der Gruppenwechsel wurde quasi unmöglich]. Die Unterschiede zwischen den Nationalitäten wurde jedoch eher auf der deutschen nationalistischen Seite gemacht als bei niederländischen Nationalisten [wodurch eine unterschiedliche Gruppenbewertung stattfand[9]]. Die Bewohner der Region hatten sich in den Vergangenheit jedenfalls familiär auf beiden nationalen Seiten vermischt und wurden nun durch die nationale Grenze am Kontakt gehindert [der Unterschied wurde manifestiert]. Im Laufe der Besatzungszeit mussten Niederländer zum Arbeitsdienst nach Deutschland. Nach der Kapitulation Deutschlands schotteten sich die Niederlande gegenüber Deutschland zuerst ab, die Grenzen blieben für Deutsche geschlossen [der ehemalige Druck durch die (deutsche) nationalistische Gruppendifferenz fand hier ein Ventil und die Merkmale „Nationalismus" und „Deutscher" wurden über alle deutschen Merkmalsträger verallgemeinert].

Van der Dunk schreibt über die Niederländer, die Besatzungszeit und das resultierende Deutschlandbild: „Fraglos spielt da auch, was die Juden angeht, ein Schuldgefühl mit, weil die eigenen Behörden willige Helfer bei der Deportation waren und die Masse passiv blieb. [...] Im Schatten dieser traumatischen Erfahrung werden andere Dinge an den Rand des Bewußtseins gedrängt, wie etwa verbrecherische Gewaltakte von niederländischen Truppen im Kolonialkrieg

---

[9] Eine tiefere Beschäftigung mit dem Nationalismus in beiden Ländern wird hier nicht vorgenommen. Zur Information über die nationalsozialistischen Parteien (wie die niederländische NSB oder Zwarte Front) verweise ich auf Lademacher (43. In: Moldenhauer/ Vis (Hg.)) oder Wippermann W.: Europäischer Faschismus im Vergleich 1922-1983 (Erstaufl. 1983). Frankfurt/ Main: Suhrkamp. 1997.

gegen Indonesien. [...] Der springende Punkt ist jedoch, daß diese Dinge lange Zeit erfolgreich vertuscht werden konnten, schon weil sie dem Selbstbild von Humanität und Anstand nicht entsprachen" (Dunk, 48f. In: Müller (Hg.) oder vgl. auch Ellemers, 52 in: Moldenhauer/ Vis). Moldenhauer und Vis breiten die Haltung nach der NS-Zeit aus. Nach ihren Quellen hatte der niederländische Staat und die Behörden nach dem Krieg nicht immer Einverständnis mit der Rückkehr und den damit verbundenen (Eigentums-)Rechten der jüdischen Bevölkerung. Über diese Haltung entschuldigte sich Königin Beatrix 1995 bei einem Besuch in Israel unter dem Verweis, dass der größere Teil der Niederländer nicht aus Widerständlern bestand (vgl. Moldenhauer und Vis, 18. In: diess.).

Wie auch Ellemers (siehe Verweis oben) schon schreibt, wurden in der niederländischen Nachkriegszeit die geschehenen Prozesse nicht kollektiv oder persönlich aufgearbeitet, sondern zum Schutz des Wertes der eigenen nationalen Zugehörigkeit wurden die Gräueltaten von Kolonialisten in Indochina und Nationalisten in den Niederlanden überdeckt durch eine Fokussierung der Gräueltaten von deutschen Nationalsozialisten in den Niederlanden. Durch eine Intergruppendifferenzierung gegenüber einer international geächteten Gruppe kann dadurch für bestimmte Personen trotzdem eine Aufwertung der Eigengruppe stattfinden, und durch diese Aufwertung kann es unnötig erscheinen, eine Aufarbeitung vorzunehmen, da danach eine Abwertung erfolgt. Dass diese Prozesse zB. bei den Jugendlichen und Senioren erscheinen, die untersucht wurden (vgl. oben Renckstorf/ Bergmanns) kann darauf begründen, dass den

Jugendlichen diese Gruppenzuweisung wichtig ist, da sie sonst evtl. keine Aufwertungsmöglichkeit in ihrem Leben sehen. Für die Senioren kann es evtl. dadurch zu einer sozial aufgewerteten Biographie kommen.

Seit dem Schengener Abkommen, so schließt die Person mit Wohnort an der Grenze den Diskurs ab, besteht wieder die Tendenz eins Aufweichens der Nationalitätszuweisungen. Selbstverständlich war nicht immer alles so nett zwischen Niederländern und Deutschen wie am personifizierten interkulturellen Niederrhein. Abschließend sei darauf verwiesen, dass es schon seit dem 17. Jahrhundert einen Intergruppenkonflikt zwischen „Käsköppen" und „Moffen"[10] gibt, eine tiefere historische Auseinandersetzung aber nicht nötig erschien, da sich das soziale Bewusstsein mehr auf die oben beschriebenen Faktoren richtet[11].

In der Erfassung wurden deshalb die Personen nach deren individuellen Meinung über Deutsche befragt und nach deren Meinung, wie sie die Sicht der Niederländer über die Deutschen erachtet[12]. Zusammenfassend lassen sich aus

---

[10] Der Begriff „Käsköppe" bezieht sich auf die Käsereikunst und den Käsekonsum in den Niederlanden. Der Begriff „Mof" wurde im 16. Jahrhundert für ‚grobe, unbehauene Kerle' in Landwirtschaft und Seefahrt verwendet. Im 19. Jahrhundert wurde er auf Deutsche verallgemeinert und während der preußischen Kaiserzeit wurden diesem Stereotyp die Bedeutungen Militarismus, Bürokratie und Untertanengeist hinzugesetzt. In dem deutschen Nationalsozialismus schienen sich diese Klischees zu bestätigen (vgl. Lademacher, 253). Über weitere Schimpfworte und Stereotype durch die Jahrhunderte zwischen Niederländer und Deutsche sei hier verwiesen auf Groenewold, P.: Das niederländische Deutschlandbild im 19. und 20. Jahrhundert und Groenewold: Das deutsche Niederlandebild. Beides in: Moldenhauer und Vis.

[11] Der Vollständigkeit wegen sei bezüglich weiterer Differenzierungen zwischen Niederländern und Deutschen verwiesen auf Müller (15-30, in: Müller/ Wielenga) und Dunk (31-54, in: Müller).

[12] Einen Vergleich zu diesen Faktoren in sozialwissenschaftlichen Untersuchung kann der ALLBUS (Allgemeine Bevölkerungsumfrage der Sozialwissenschaften vom Zentrum für Umfragen und Analysen e.V. in Mannheim) 1996 bieten. In

dem Bereich der Gruppenprozesse für die vorliegende Arbeit die folgenden Hypothesen formulieren:

Hypothese 4: Assimilatives Einordnen entspricht allgemeiner Einstellung

> Der Grad der Assimilation steht in Zusammenhang mit der subjektiv erfahrenen allgemeinen Einstellung von Seiten der Ausgangskultur (NL) und von Seiten der Zielkultur (D).

Hypothese 5: Positive Assimilation bei fehlenden Kulturunterschieden

> Eine positive Assimilation steht in Zusammenhang mit der Annahme der Person, dass es keinen Unterschied zwischen Ausgangs- und Zielgruppe gibt,

3.2.3 Aspekte der Theorie der sozialen Integration: Religion als „Integrationsbrücke" zwischen Person und Umwelt (Friedrichs und Jagozinski)

In dem Raum zwischen zwei Makroordnungen, in welchen sich Individuen bei einer interkulturellen Entwicklung bewegen, beobachteten Friedrichs und Jagozinski vermittelnde Prozesse durch die Religion. Durch Religion kann ein Konsens der Mitglieder einer Gesellschaft über grundlegende Werte und Normen bestehen. Während Individuen auf Mikroebene eine individuelle Befriedigung ihrer Ziele beabsichtigen, bestehen durch die Religion transnationale Werte und Normen der religionsgemeinschaftlichen Makroebene. Sie bietet vertraute Stabilität der Gesellschaft und ermöglicht

---

diesem Jahr lag der Schwerpunkt auf „Einstellungen gegenüber ethnischen Gruppen in Deutschland". Dabei wurde auch die individuelle Wahrnehmung, die Überzeugungen und Vorurteile, die soziale Distanz, die rechtliche Gleichstellung und weitere Einstellungen gegenüber Anderen (ethnischen Gruppen) behandelt (vgl. Wasmer u.a., 11f).

freie Entwicklung in diesem religiös basierten Sozialgefüge. Diese Sozialgefüge ist in das nationale Gefüge der Zielkultur eingebettet. Über die Religion kann es demnach zu verschiedenen Formen der Assimilation kommen: Zum Einen, dass die religiöse Gemeinschaft als Alternative zur Zielkultur genommen wird, oder zum Anderen, dass die religiöse Gemeinschaft als Mittler zur Zielkultur fungiert. Dies soll überprüft werden über die folgenden Hypothese.

Hypothese 6: Religiöse Aktivität steht in Verbindung mit Assimilation

Religiöse Aktivität führt zu höherer Assimilation

3.2.4 Aspekte der Sozialisationsforschung: Das Selbst als Handlungszentrum in den Prozessen um Selbstentwicklung und kulturelle Identität (Krewer und Eckesberger)

Krewer und Eckensberger erfassten das Selbst als ein Handlungszentrum zwischen einer kulturellen Ausrichtung nach außen hin und einem verinnerlichten Selbstkonzept. Danach wird die kulturelle Identität überwiegend aus externen Wissenssystemen und kulturellen Regeln gespeist - die Um- und Mitwelt formen überwiegend das innere Selbst. Die idnividuellen Handlungen werden so zwischen der kulturellen Identität und dem inneren Selbst kulturell kanalisiert – die Handlungen bewegen sich zwischen kulturellen Möglichkeiten und individuellen Freiräumen. Das Selbst plant als „agency" und gleicht diese Handlungsmöglichkeiten mit den kulturellen und historischen Modellen des Personseins ab.

Abbildung 5: Das Selbst als Handlungszentrum am Schnittpunkt von Subjektivität und Intersubjektivität

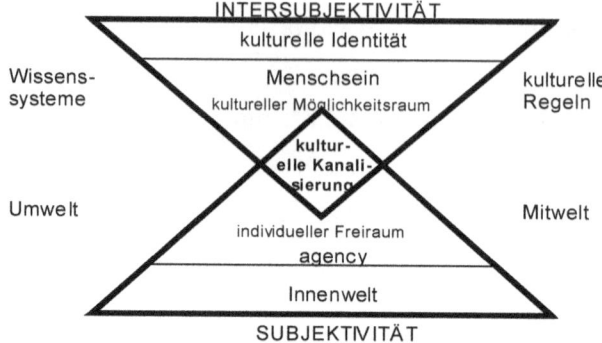

(vgl.: Krewer/ Eckensberger, 577)

Nach Krewer und Eckesberger ist damit nicht soziales Engagement an sich – vielmehr

> das Auseinandersetzen des inneren Selbst mit mehreren Rollen, sowie

> eine wechselseitige Beeinflussung zwischen dem kulturellen Möglichkeitsraum und individuellen Freiräuumen (Krewer/ Eckensberger, 590)

entscheidend: „Eine wesentliche Differenzierung stellt die Unterscheidung zwischen objektiven (geteilte kulturelle Merkmale) und subjektiven (Identifikation der Gruppenangehörigen) Grundlagen ethnischer Identität dar" (Krewer/ Eckensberger, 594).

Ein interkultureller Kontakt wird demnach dadurch erschwert, ob die Person Wissenssysteme und kulturelle Regeln als anders erachtet, sowie anderen Informationen aus der Um- und Mitwelt. Inhaltlich schließt diese Untersuchung an Hypothese 5 an:

Eine positive Assimilation steht in Zusammenhang mit der Annahme der Person, dass es keinen Unterschied zwischen Ausgangs- und Zielgruppe gibt.

Bezüglich der darin wiedergespiegelten Annahme, dass ein Individuum sozialisiert sei, wenn es gegenüber den externen Einflussgruppen (vor allem Um- und Mitwelt) eine Rolle (oder mehrere Rollen) erfolgreich inne hat, lässt sich eine weitere Hypothese formulieren:

Hypothese 7: Rollenübernahme und Assimilation

Mit zunehmender Anzahl an Rollen entsteht Assimilation.

3.2.5 Zusatz zur theoretischen Untersuchung: NS-Zeit

Wie in den vorhergehenden Kapiteln schon beschrieben bestand zwischen Niederländern und Deutschen lange Zeit schon eine subjektivie Intergruppendifferenzierung. Dabei konnte auch erkannt werden, dass besonders die Vorkommnisse im 2. Weltkrieg und in der NS-Zeit in den sozialwissenschaftlichen Abhandlungen um die Einstellungen von Niederländern gegenüber Deutschen hervorgehoben werden. Ob dies einen statistisch relevanten Einfluss auf Sozialisationsbemühungen hat, prüft

Hypothese 8: Auswirkung der NS-Zeit auf Assimilation

Je positiver die allgemeine Haltung in den Nationen gegenüber der anderen Nation in Bezug auf die Vorfälle in der NS-Zeit ist, desto eher besteht eine assimilative Annäherung.

3.2.6 Zusammenfassung der Assimilationsfaktoren

Zusammenhänge der Assimilationsfaktoren lassen sich zusammenfassen in folgender Abbildung.

Abbildung 6: Determinanten der Assimilation

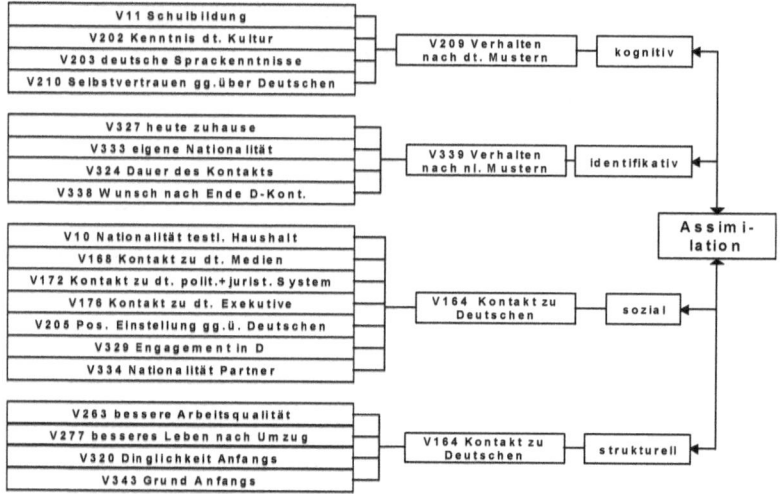

3.2.7 Zusammenfassung Person – Assimilation

In dem Modell werden die Prozesse zwischen den Variablen als wechselseitig betrachtet. In der statistischen Bearbeitung werden die Effekte hin zur abhängigen Variable überprüft.

Abbildung 7: Gesamtmodell Person - Assimilation

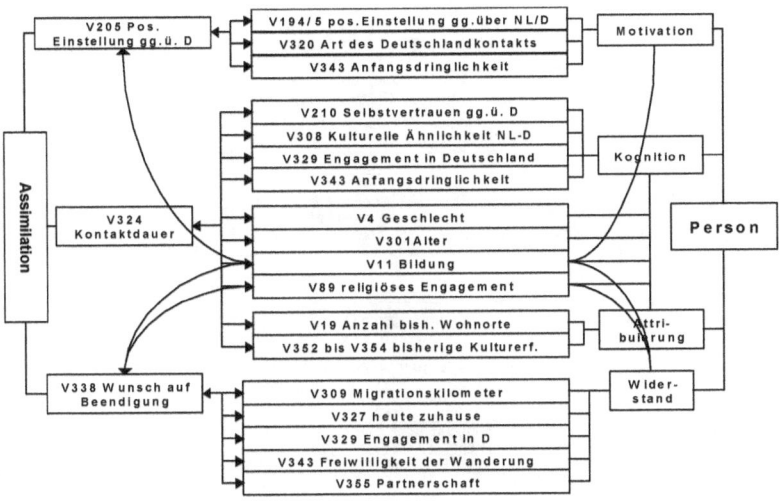

3.2.8   Zusammenfassung

Zusammenfassend erhält man für die Umwelt die folgende Grafik.

Abbildung 8: Gesamtmodell Umwelt - Assimilation

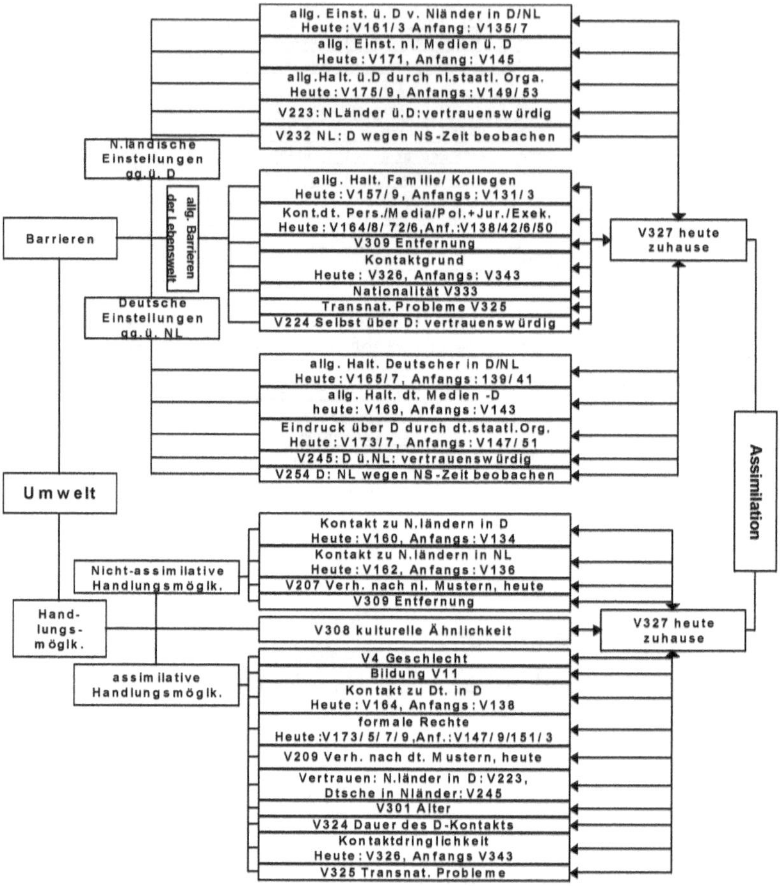

allg. Einst. ü. D v. Nländer in D/NL Heute: V161/3 Anfang: V135/7	
allg. Einst. nl. Medien ü. D Heute: V171, Anfang: V145	
allg.Halt. ü.D durch nl.staatl. Orga. Heute: V175/9, Anfangs: V149/53	
V223: NLänder ü.D:vertrauenswürdig	
V232 NL: D wegen NS-Zeit beobachen	

N.ländische Einstellungen gg.ü. D

Barrieren — allg. Barrieren der Lebenswelt

allg. Halt. Familie/ Kollegen Heute: V157/9, Anfangs: V131/3
Kont.dt. Pers./Media/Pol.+Jur./Exek. Heute: V164/8/ 72/6,Anf.:V138/42/6/50
V309 Entfernung
Kontaktgrund Heute: V326, Anfangs: V343
Nationalität V333
Transnat. Probleme V325
V224 Selbst über D: vertrauenswürdig

V327 heute zuhause

Deutsche Einstellungen gg.ü. NL

allg. Halt. Deutscher in D/NL Heute: V165/7, Anfangs: 139/41
allg. Halt. dt. Medien -D heute: V169, Anfangs: V143
Eindruck über D durch dt.staatl.Org. Heute: V173/7, Anfangs: V147/51
V245: D ü.NL: vertrauenswürdig
V254 D: NL wegen NS-Zeit beobachen

Umwelt

Assimilation

Kontakt zu N.ländern in D Heute: V160, Anfangs: V134
Kontakt zu N.ländern in NL Heute: V162, Anfangs: V136
V207 Verh. nach nl. Mustern, heute
V309 Entfernung

Nicht-assimilative Handlungsmögk.

Hand-lungs-mögk.

V308 kulturelle Ähnlichkeit

V327 heute zuhause

assimilative Handlungsmögk.

V4 Geschlecht
Bildung V11
Kontakt zu Dt. in D Heute: V164, Anfangs: V138
formale Rechte Heute:V173/5/ 7/ 9,Anf.:V147/ 9/151/ 3
V209 Verh. nach dt. Mustern, heute
Vertrauen: N.länder in D: V223, Dtsche in Nländer: V245
V301 Alter
V324 Dauer des D-Kontakts
Kontaktdringlichkeit Heute: V326, Anfangs V343
V325 Transnat. Probleme

3.3 Die Interviewten

Da in der Untersuchung auf Gleichmäßigkeiten in den Formen des Kulturkontakts abgezielt wird, soll hier die Varianz der untersuchten Personen vorgestellt werden. In den Datensatz wurden 42 Interviews mit Personen aufgenommen, welche die niederländische Staatsbürgerschaft haben oder hatten und einen reellen Kontakt mit Deutschen haben. Die

persönlichen Merkmale umfassen die persönlichen Kennzeichen Alter und Geschlecht.

Hier lässt sich die Spannweite der Dimensionen der Interviews verdeutlichen: Während Interviewpartner 17 halbjähr-
lichen E-mail-Kontakt mit Deutschen hat (persönliches Inte-
resse) gibt es Personen, die in der 3. Generation in Deutschland wohnen und dauerhaften Kontakt haben (zB. Interviewperson 8). Wie sich die Kontaktarten graphisch vertei-
len, lässt sich dem nebenstehenden Kreisdiagramm entnehmen.

Abbildung 9: Grund des Deutschlandkontakts

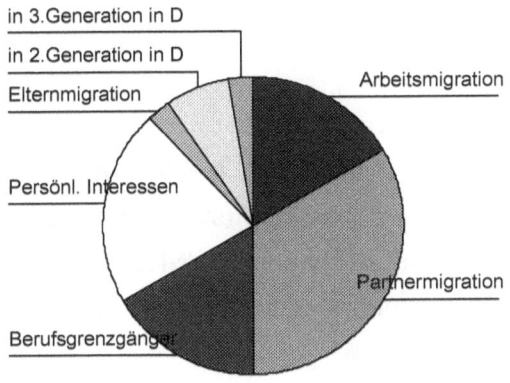

Die Interviewpersonen wurden befragt, wo sie sich zum
Ende der Schulzeit, zu Beginn des Deutschlandkontakts
und heute zuhause fühlen. Während hier (zum Beleg, dass
sich die Zuordnung verändert hat) alle drei Zeitpunkte vorgestellt werden, ging in die statistische Untersuchung, als
Maßzahl für die resultierende Assimilation, das heutige

Zuhause ein. Zur besseren Verarbeitung erfolgte dies dann mit der aufbereiteten Variable V327 (siehe Beiheft). Eine Veränderung verteilte sich bei den Interviewpersonen wie folgt:

Abbildung 10: Histogramm V212 Zuhause zum Ende der Schulzeit

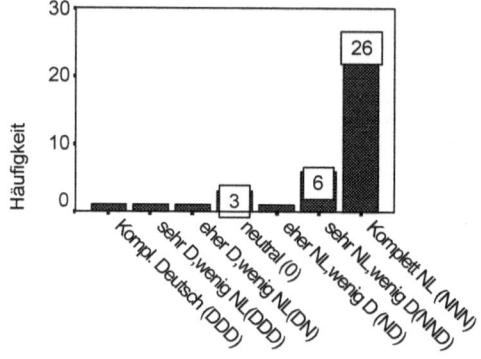

D...0...NL: Zuhause: zum Schulende?

Zum Ende der Schulzeit ordneten sich die Interviewpersonen bei einem numerischen durchschnittswert von 6,2 eher bei der Ausprägung 6 (sehr NL, wenig D (NND)) ein. Dies deutet auf eine ziemlich niederländische Orientierung zum Ende der Schulzeit hin.

Abbildung 11: Histogramm V213 Zuhause zum Beginn des Deutschlandkontakts

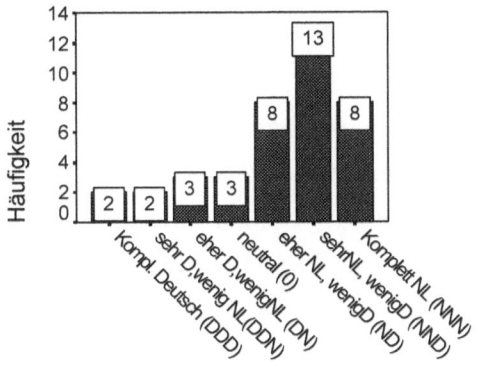

D...0...NL: Zuhause: Anfang DL-Kontakt?

In der Grafik lässt sich erkennen, dass die Interviewpersonen zu Beginn des Deutschlandkontakts schon eine Veränderung einer nationalen Zuordnung erlebt hatten: der numerische Mittelwert lag hier bei 5,2 - was sich unter die Ausprägung 5 einordnen lässt (eher NL, wenig D (ND)).

Abbildung 12: Histogramm V213 Zuhause heute

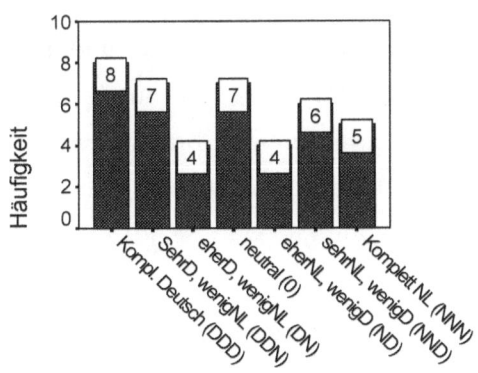

D...0...NL: Zuhause: heute?

Die heutige nationale Zuordnung spiegelt auch eine gute Mischung der Interviewpersonen wieder: Mit dem numeri-

schen Mittelwert von 3,7 ordneten sich die Interviewpersonen tendenziell bei Ausprägung 4 (neutral) ein, wobei die
breite Streuung für eine Erfassung unterschiedlicher Kon-
takttypen spricht.

Über alle drei Stadien hinweg betrachtet sprechen die Mit-
telwerte dafür, dass die Personen eine Veränderung des
nationalen Zugehörigkeitsgefühls erlebten. Die detaillierte
Zusammensetzung der weiteren Variablen können Sie dem
Variablenkatalog entnehmen.

3.4 Deutung der Hypothesen

In dieser Arbeit wurde die handlungstheoretische Perspektive nach Esser der strukturell-funktionalen Perspektive nach
Hoffmann-Nowottny vorgezogen. Während Esser, wie eingangs dargelegt, die individuellen Motive und Prozesse
hervorhebt, fokussiert Hoffmann-Nowottny die Strukturen
der Aufnahmegesellschaft. Da im vorliegenden Fall sowohl
die Ausgangs- als auch die Zielkultur ähnlich „modern" sind,
gab es in den Ergebnissen eher Einstellungs- und Hand-
lungsprobleme als strukturelle Probleme (zB. durch niedrige
Kontakthäufigkeiten). Die Mix-Methode erbrachte vernunft-
logisch entsprechende Ergebnisse. Die Gleichmäßigkeiten
der breit gefächerten Kulturkontakte werden im Folgenden
diskutiert.

Im Rahmen der Untersuchung von kognitiven Komponenten
bei der Assimilation konnten starke statistische Zusammenhänge gefunden zwischen der deutschen Sprachkenntnis,
der deutschen Kulturkenntnis und dem Vertrauen gegenü-

ber Deutschen einerseits, sowie dem Verhalten nach deutschen Mustern andererseits. Dabei ergab die statistische Auswertung, dass die Angleichung an die deutschen Verhaltensmuster wesentlich bestimmt wird von den Kenntnissen über die deutsche Kultur und dem Selbstvertrauen gegenüber Deutschen. Die Hypothese 1a wurde somit nicht falsifiziert, sondern spezifiziert.

Bezüglich einer identifikativen Annäherung, die gemessen wurde an dem Ablegen des Verhaltens nach niederländischen Mustern, ergaben sich nur enge statistische Zusammenhänge mit dem nationalen Zugehörigkeitsgefühl. Festgestellt wurde, dass das Verhalten nach niederländischen Mustern abnahm mit einem zunehmenden nationalen Zugehörigkeitsgefühl in Richtung Deutschland. Auch Hypothese 1b ist somit nicht falsch, sondern muss spezifiziert werden. Zusammenhänge, sowie Vorhersagen konnten nur zwischen dem nationalen Zugehörigkeitsgefühl und dem Verhalten nach Mustern aus der Ausgangskultur aufgedeckt werden.

Die soziale Assimilation wurde gemessen an dem Kontakt zu Deutschen. Zwischen dem Kontakt zu Deutschen einerseits und dem heutigen Konsum deutscher Medien sowie der niederländischen Nationalität des Partners andererseits bestehen enge Zusammenhänge. Eine Vorhersage über den aktuellen Kontakt zu Deutschen in Deutschland lässt sich machen über die niederländische Nationalität des Partners und einem Engagement in Deutschland. Dabei wirkt sich die niederländische Nationalität des Partners negativ, das Engagement in Deutschland positiv auf die Kontakte zu Deutschen aus. Das Modell um Hypothese 1c wurde damit auf die eben genannten Punkte spezifiziert.

Zusammenhänge in dem Modell der strukturellen Assimilation konnten nicht nachgewiesen werden, die Hypothese 1d wurde verworfen.

Die persönliche Motivation zur Assimilation wurde gemessen anhand der resultierten, aktuellen, positiven Einstellung gegenüber Deutschland. Bei der persönlichen Motivation zeigt sich ein verwunderlicher Zusammenhang zwischen einer anfänglichen positiven Einstellung gegenüber der Ausgangskultur und einer positiven aktuellen Einstellung gegenüber der Zielkultur. Dies könnte darauf basieren, dass zu Beginn eines Kulturkontakts die Identifikation mit der Ausgangskultur zuerst überhöht wird, dann, im Laufe der Assimilation abgebaut wird. Dies entspräche auch dem Theorem von Bandura, wonach sich die Personen zu Beginn eines Lernprozesses noch auf alte Muster berufen. Die Hypothese 2a wurde somit auch spezifiziert.

Im Rahmen der kognitiven Assimilation wurde die Kontaktdauer als Maßzahl für den kognitiven Erfolg der Handlungsweise verwendet. Die Dauer des Kontakts steht in engem Zusammenhang mit Faktoren wie Selbstvertrauen gegenüber Deutschen und dem persönlichen Motiv für den Deutschlandkontakt. Aber auch religiöses Engagement, Alter und Bildung korrelieren stark mit der Kontaktdauer. Auffällig war, dass sich das Bildungsniveau konträr zur Dauer des Kontakts entwickelt. Über eine Autokorrelation hinausgedacht[13] (die in diesem Modell zu vernachlässigen

---

[13] Der Zusammenhang Lebensjahre – Kontaktdauer kann natürlich auch als eine selbsterfüllende Prophezeiung gedeutet werden. Demnach wäre es normal, dass wenn Personen mit einem Kontakt untersucht würden, dass dieser Kontakt dann auch mit zunehmenden Lebensjahren zunimmt. Um dieser Möglichkeit zu begeg-

ist), konnte man in den Interviews auch hören, dass die Personen den Deutschlandkontakt nicht abbrechen wollen, da es ihnen in Deutschland gefällt.

Einen Zusammenhang in dem Modell des persönlichen Widerstands konnte nicht festgestellt werden. So stand die Veränderung des subjektiven Empfindens der Wohn- oder Arbeitsqualität nicht in Zusammenhang mit dem Wunsch auf eine Beendigung des Kontakts. Der Wunsch nach einer besseren Wohn- und Arbeitsumgebung mag bei einigen vorhanden sein, jedoch lässt sich dies nicht über alle Kontaktarten beweisen. Möglicherweise liegt dies an der Fragestellung. Vielleicht hätte bei der Befragung eher danach gefragt werden sollen, ob auf eine Veränderung abgezielt wurde und dann, ob diese Veränderung erreicht wurde. Hypothese 2d konnte im vorliegenden Fall nicht bewiesen werden.

Die rechtlichen oder sozialen Hindernisse können assimilativ überwunden werden über die Komponenten Kontakt zu Medien in der Zielkultur und den Kontakt zu Einwohnern in der Zielkultur. Bei formalen oder rechtlichen Hindernissen konnte kein enger Zusammenhang festgestellt werden. Dies bestätigt die anfängliche Annahme, dass beide Staatssysteme eher ähnlich sind, Hypothese 3b wurde damit spezifiziert.

Nicht-assimilative Handlungsmöglichkeiten wie das Verhalten nach niederländischen Mustern führen zu einem nicht-assimilativen Zugehörigkeitsgefühl. Ein steigender Kontakt

---

nen, wurde im Fragebogen unter Punkt 4.3 auch nach dem Ende des Kontaktes gefragt. Keine Person hatte jedoch, selbst nach einem größeren Projekt in Deutschland, die Kontakte komplett eingestellt (vgl. zB. Interviewperson 35).

zu verbliebenen Einwohnern der Ausgangskultur führt nach dem Regressionsmodell zu einem Absinken einer zielkulturellen, assimilativen Einordnung. Hypothese 3c wurde somit spezifiziert. Dieses Ergebnis bestätigt die allgemeine These, dass die Umwelt das Individuum beeinträchtigt und das Individuum sich gruppenbezogen auch in der Verhaltensweise mit der Umwelt definiert. Dies bestätigt auch das folgende Ergebnis der assimilativen Handlungsmöglichkeiten.

Assimilative Handlungsmöglichkeiten wie der Kontakt zu Deutschen, das Verhalten nach deutschen Mustern oder das eingeschätzte Vertrauen von Niederländern in Deutsche stehen in engem Zusammenhang mit einem assimilativen Zugehörigkeitsgefühl. Danach lässt sich von der assimilativen Handlungsweise (nach den Mustern der Zielkultur) auf eine assimilierende nationale Zuordnung schließen. Außerdem führt die Annahme einer kulturellen Ähnlichkeit zu einer höheren assimilativen Zuordnung der Personen. Hypothese 3a wurde dahingehend spezifiziert.

Die Auswirkungen der landesspezifischen Einstellung auf die assimilierenden Personen verlief wie folgt: Eine Positivierung des aktuellen Deutschlandbilds der niederländischen Medien steht hier konträr zu einem assimilativen Zugehörigkeitsgefühl: Personen, welche die Einstellung der niederländischen Medien gegenüber Deutschland positiver einschätzten, stuften sich eher niederländisch ein. Dies kann bedeuten, dass es ihnen an einem Vergleich fehlt und dass jene, welche sich mehr mit Deutschland identifizieren und damit auch mehr Erfahrung haben, die Haltung der niederländischen Medien eher negativer sehen. Wobei diese dann wiederum eher geringeren Kontakt zu niederländischen Medien hatten. Anders verhalten sich die Faktoren bei deutschen Einflüssen: Dort führt eine Verbesserung des medialen Deutschlandbildes zu einer assimilierenden Einordnung in Richtung Deutschland. Die Hypothese 4 wurde damit spezifiziert.

Bezüglich der Auswirkungen von Moral und Religion, sowie der Rollenkenntnis konnten keine eindeutigen spezifischen Ergebnisse aus den Modellen erzielt werden. Die Hypothesen 6 und 7 mussten im vorliegenden Fall verworfen werden. Dies mag zwar verwundern, da sowohl das religiöse Engagement, als auch das soziale Engagement, über das die Rollenkenntnis betrachtet wurde öfters als wichtige Komponente in einem Modell auftauchten, jedoch in den diesbezüglichen Regressionsmodellen hatten die Variablen keine relevante Auswirkung.

Zuletzt, aber nicht minder wichtig ist das Ergebnis, dass die Modelle um die Handlung, die Rollenkenntnis und die Auswirkung der Vorkommnisse der NS-Zeit sich bei den Interviewten nicht auf die Assimilation auswirkten. Dies entspricht auch den Aussagen vieler Interviewten, dass die NS-Zeit vorbei ist und diese heute keine reelle Auswirkungen auf ihr Leben hat. Die Hypothese 8 musste verworfen werden.

3.5 Fazit – Prozesse eines Kulturkontakts

Die vorangegangene Untersuchung mittels der Migrations-, Lern-, Kategorisierungs- und Gruppentheorie zeigte, dass bei den verschiedenen Formen des Kulturkontakts Gleichmäßigkeiten bestehen. Der verwendete halbstandardisierte Fragebogen erwies sich im Allgemeinen als ein gutes Instrument. Bei einer Weiterführung der Untersuchung, sollte noch die Erfassung des Wunsches zur Verbesserung der Arbeits- und Wohnsituation geändert werden.

Allgemein lässt sich sagen, dass Menschen solange mit sich zufrieden sind, solange die Kategorien extern bzw. intern bestand haben und nicht revidiert werden müssen. Es konnte jedoch erkannt werden, dass vor allem jene, welche den Kulturkontakt aus einer (Lebens-) Notwendigkeit initiierten, negative Assimilationseinstellungen aufwiesen. Eine solche soziale Ausgliederung verhindert eine Annäherung an die Sozialgefüge – und eine Annäherung an die Sozialstrukturen, so konnte erkannt werden, führt zu assimilativen Effekten. Damit ließe sich auch die Notwendigkeit einer mehrschichtigen Betrachtungsweise belegen: Neben handlungsbezogenen und strukturellen Komponenten ist auch die innere Grundeinstellung ein bedeutender Faktor bei der Assimilation.

Zum Abschluss der Untersuchung von Kontakten von Niederländern mit Deutschen kann man also zusammenfassen, dass eine differenziertere und erfahrenere Betrachtungsweise von (nationalen) Unterschieden, gepaart mit einer nicht (Lebens-) notwendigen Ursache des Kontaktes eine gute Voraussetzung für das Erlernen des (nationalen) Anderen sein kann.

4   Literatuur - Literatur:

Allport, Gordon: Natur des Vorurteils: Köln: Kiepenheuer & Witsch. 1971.

Aspelagh, Robert: Nachdenken über Deutschland. In: Müller/Wielenga (Hg.): Kannitverstan? : Deutschlandbilder aus den Niederlanden. Münster: Agenda. 1995. S. 155-164.

Bandura, Albert: Lernen am Modell. Stuttgart: Klett. 1976.

Dunk, Hermann von der: Holländer und Deutsche. Zwei politische Kulturen. 1986.

Esser, Hartmut: Aspekte der Wanderungssoziologie: Assimilation und Integration von Wanderern, ethnischen Gruppen und Minderheiten; eine handlungstheoretische Analyse. Darmstadt, Neuwied: Luchterhand. 1980.

Friedrichs, Jürgen und Jagodzinski, Wolfgang: Theorien sozialer Integration. In: diess. (Hg.): Soziale Integration. Opladen/Wiesbaden: Westdeutscher. 9-43. 1999.

Heß, Jürgen und Wielenga, Friso: Gibt's noch Ressentiments...? Das Niederländische Deutschlandbild seit 1945. In:Heß, Jürgen und Schissler, Hanna (Hg.): Nachbarn zwischen Nähe und Distanz. Deutschland und die Niederlande. Frankfurt: Moritz Disterweg. 1988.

Heß, Jürgen und Schissler, Hanna (Hg.): Nachbarn zwischen Nähe und Distanz. Deutschland und die Niederlande. Frankfurt: Moritz Disterweg. 1988.

Heckmann, Friedrich: Literaturbesprechung: Hartmut Esser, Aspekte der Wanderungssoziologie. In: Kölner Zeitschrift für Soziologie und Sozialpsychologie. Wiesbaden: Westdeutscher. 1981.

Hoffmann-Nowotny, H.: ,,Soziologie des Fremdarbeiterproblem.; eine theoretische und empirische Analyse am Beispiel der Schweiz", Enke, Stuttgart. 1973.

Hurrelmann, Klaus und Ulich, Dieter (Hg.): Handbuch der Sozialisationsforschung. 5., neu ausgestattete Auflage. Weinheim: Beltz. 1998.

Jansen, Lútsen: Bekend en onbemind. Het beeld von Duitsland en Duitsers onder jongeren von viftien tot negentien jaar. Nederlands Instituut voor Internationale Betrekkingen ,Clingendael'. `s-Gravenhage. 1993.

Krewer, Bernd und Eckensberger, Lutz: Selbstverwirklichung und kulturelle Identität. In: Hurrelmann, Klus und Ulich, Dieter (Hg.): Handbuch der Sozialisationsforschung. Weinheim: Beltz. 1998.

Kuhn, T.: Die Struktur wissenschaftlicher Revolutionen. Frankfurt/ Main: Suhrkamp. 1967.

Mead, G.H.: Geist, Identität und Gesellschaft – aus der Sicht des Sozialbehaviorismus. Frankfurt: Suhrkamp. 1968.

Papaioannou, Skevos: Arbeitsorientierung und Gesellschaftsbewußtsein von Gastarbeitern in der Bundesrepublik Deutschland: Entstehungsbedingungen, Erscheinungsformen, Entwicklung. Frankfurt/ Main: Lang, 1983.

Piel, Alexandra: Niederländische Korrespondenten in Deutschland. Hagen: ISL-Verlag, 1999.

Renckstorf, Karsten und Bergmanns, Niels: Nederlanders en Duitsers: perspectieven, vraagstellingen en eerste empirische bevindingen van het sociaal-wetenschappelijke onderzoeksprogramma in het kader van 'Kultur- und Kulturraumforschung'. Nijmegen: Stichting Centrum voor Duitsland-Studies: Ubbergen: Tandem Felix. 1996.

Reinhold, G. (Hg.): Soziologie-Lexikon. 3., überarbeitete und erweiterte Auflage. München; Wien: Oldenbourg. 1997.

Schluchter, Wolfgang: Religion und Lebensführung. Bd. 1. Studien zu Max Webers Kultur und Werttheorie. Frankfurt/ Main. Suhrkamp. 1991.

Süssmuth, Hans (Hg.): Deutschlandbilder in Dänemark und England, in Frankreich und den Niederlanden. Baden- Baden-: Nomos, 1996.

Storey, J.: An Introductory Guide to Cultural Theory and Popular Culture. London: Harvester/ Wheatsheaf. 1993.

Tajfel, Henry: Gruppenkonflikt und Vorurteil. Entstehung und Funktion sozialer Stereotypen. Bern: Huber. 1982.

Treibel, A.: Migration in modernen Gesellschaften: soziale Formen von Einwanderung, Gastarbeit und Flucht. 2., völlig neubearb. und erw. Aufl. Weinheim: Juventa. 1999.

www.ingramcontent.com/pod-product-compliance
Lightning Source LLC
Chambersburg PA
CBHW021915170526
45157CB00005B/2074